走近大自然

原来你是这样的动物

张劲硕 史军◎编著 余晓春◎绘

四川科学技术出版社

U0254685

图书在版编目 (CIP) 数据

原来你是这样的动物 / 张劲硕，史军编著；余晓春绘 . -- 成都：四川科学技术出版社，2024.1
（走近大自然）
ISBN 978-7-5727-1214-2

Ⅰ . ①原… Ⅱ . ①张… ②史… ③余… Ⅲ . ①动物 – 少儿读物 Ⅳ . ① Q95-49

中国国家版本馆 CIP 数据核字 (2023) 第 233970 号

走近大自然　原来你是这样的动物
ZOUJIN DAZIRAN　YUANLAI NI SHI ZHEYANG DE DONGWU

编 著 者　张劲硕　史 军
绘　　者　余晓春

出 品 人　程佳月
责任编辑　黄云松
助理编辑　叶凯云
封面设计　王振鹏
责任出版　欧晓春
出版发行　四川科学技术出版社
　　　　　成都市锦江区三色路 238 号　邮政编码　610023
　　　　　官方微博 http://weibo.com/sckjcbs
　　　　　官方微信公众号　sckjcbs
　　　　　传真 028-86361756
成品尺寸　170 mm×230 mm
印　　张　16
字　　数　320 千
印　　刷　河北炳烁印刷有限公司
版　　次　2024 年 1 月第 1 版
印　　次　2024 年 1 月第 1 次印刷
定　　价　168.00 元（全 8 册）

ISBN 978-7-5727-1214-2

邮　　购：成都市锦江区三色路 238 号新华之星 A 座 25 层　邮政编码：610023
电　　话：028-86361770

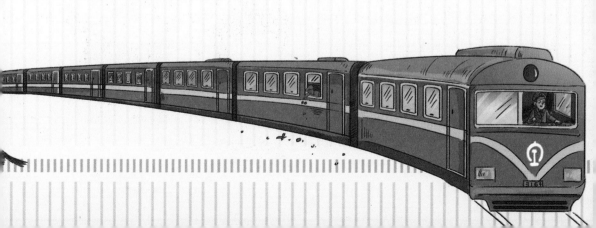

巢里幼鸟 存活不易

在树林里散步时，你可能会看到一只还未长羽毛的杜鹃幼鸟的尸体躺在树下。顺着幼鸟尸体向上看，你可能会发现树上有鸟窝。这并不是因为幼鸟太顽皮，不小心从巢里坠地，也许另有原因。

回到几天前，这只幼鸟的爸爸妈妈每天都在喂养它和另一只幼鸟。鸟妈妈带回来小青虫，给两只幼鸟各一只。鸟爸爸带回来大蠕虫，可蠕虫太大了，幼鸟没办法整个吃进去，鸟爸爸着急但又没办法，只好自己把蠕虫吃了。有时候，鸟爸爸鸟妈妈叼着虫子回家时，幼鸟睡着了或者鸟爸爸鸟妈妈饿得实在没有力气了，它们只好无奈地自己吃掉虫子。

哈哈，看起来很美味！

就在这只幼鸟掉在地上的几小时前，两只幼鸟饿了，它们张大嘴巴等待投喂，可是爸爸妈妈还没有回来。这时，不远处一只凶恶的大鸟发现了它们，并暗中观察。又过了一会儿，幼鸟的父母还没回来，于是大鸟飞到巢边，一口啄起两只幼鸟，其中一只被它直接吞进肚里，另一只从它嘴里滑落，摔到了地上。我们大可不必谴责这只大鸟，因为即使它不下手，幼鸟也可能被鹰或其他鸟类吃掉。

危机四伏的鸟巢

在残酷的自然界，还有一类鸟，会通过"杀弱保强"的特殊方式，让后代的生存和竞争能力更强。此时，白鹳巢里正上演着残酷的一幕：白鹳妈妈用喙反复啄着它的孩子，小白鹳浑身是血，已经没有力气挣扎。突然，白鹳妈妈叼起小白鹳，想要把它吞掉。这样尝试几次失败后，白鹳妈妈将小白鹳放了下来，但她并没有看小白鹳一眼，而是立即用喙衔住小白鹳，将小家伙扔出巢穴。到底是什么原因让白鹳妈妈这么做呢？

每年的 4~6 月是白鹳的繁殖期，一只雌性白鹳每窝会产下 4~6 枚卵。在雌雄白鹳的共同孵化下，80% 的卵能够成功孵化，这意味着每窝都能迎来三四只的小白鹳。这些小家伙生长迅速，50 天后它们的食量会大增，这让白鹳爸爸妈妈既忙碌又焦虑。

白鹳主要以田野里的昆虫、蛙类等为食，但在这个繁殖的季节里，它们的食物供应非常有限，白鹳爸爸妈妈自己都吃不饱，更别说养活这么多小白鹳了。这时候，巢里的小白鹳们开始竞争。体格强壮的小白鹳总能抢到食物，而弱一些的小可怜就只能在运气好的时候捡到一星半点儿的食物，经常是饥一顿饱一顿。时间长了，小白鹳之间的体格差距越来越大，瘦弱的小白鹳甚至会被饿死。这时候，白鹳妈妈就会做出"保强杀弱"的决定，也就有了文章开头那一幕。

白鹳杀死自己的孩子看似非常残忍，但其实这是它们的无奈之举。在生存资源有限时，如果将生存资源平分给每一个孩子，可能大家都活不了。

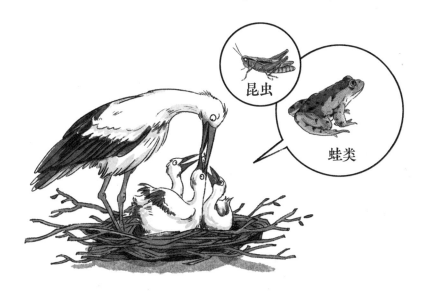

昆虫

蛙类

除了白鹳，很多鸟类也有杀子行为，比如啄木鸟、犀鸟、谷仓燕和黑鹳等。

啄木鸟　　　　犀鸟　　　　谷仓燕　　　　黑鹳

5

黄鹂的巢

知更鸟的巢

各具特色的"家"

鸟巢是鸟类精心筑造的巢穴。鸟儿会在鸟巢里产卵、孵化、抚育幼鸟，因此鸟巢是鸟儿温馨的家。

不同种类的鸟儿在不同的栖息地、不同的高度和不同的时间筑巢。有些鸟儿在大树、灌木、地面或巢箱中筑巢，有些则在阳台、桥下或悬崖上筑巢。

在筑巢时节，鸟类会将自己找到的许多物品，比如树枝、树叶、茎、绒毛、头发、苔藓、泥巴、干草等精心编织在一起，筑成精美的巢穴。黄鹂的巢像一个小手提袋一样挂在树枝上，知更鸟的巢就像是装满树枝的碗。但也有偷懒的鸟儿不筑巢，比如山雀和猫头鹰利用树上的天然巢穴抚养后代。

偷懒不筑巢的鸟儿

山雀

猫头鹰

鸟类一年中只用一小部分时间（通常只有几天）筑巢，但它们的巢穴各具特色。白嘴鸦是优秀筑巢者的代表之一，它先搜集好筑巢需要的枝条，然后站在挑好的筑巢地上方的树上，开始朝下丢树枝。不是所有树枝都能停留在筑巢的枝头，有些枝条直接从树枝的缝隙中滑落。但是，白嘴鸦很有耐心，它会不断朝下丢树枝，直到一个不规则的巢成形为止。白嘴鸦是大鸟，敢在很容易被发现的地点筑巢，但大多数鸟的筑巢地点要隐蔽得多。鸲鹟、知更鸟巢穴的设计比较经典——用草和小树枝编织成漂亮整齐的碗状鸟巢，并用苔藓进行伪装，用泥巴进行衬垫。鸟的喙是非常好的建筑工具，鸟儿可以用它压紧巢的内部并使之变得光滑。

鸟的喙是非常好的建筑工具

有意思的是，很多鸟类会利用蜘蛛丝来筑巢。例如，蜂鸟会从蜘蛛网上收集蜘蛛丝来把筑巢材料固定在一起。雌性红宝石蜂鸟在筑巢时，会把收集到的蜘蛛丝粘在嘴上和胸前带回去，再把蜘蛛丝压在自己巢里的其他材料上并将其拉长，筑成一个坚韧的形似杯子的巢穴。这样用蜘蛛丝筑成的巢穴，延展性和韧性都足以容纳雏鸟不断长大的身体。

鸟巢里的温馨

鸟巢就是鸟的家。

在凤头䴙䴘的巢里，鸟妈妈的翅膀下躲着一只鸟宝宝。鸟妈妈一边呵护着大宝，一边时刻关注着即将破壳的二宝。当鸟妈妈孵蛋累了的时候，鸟爸爸就会来孵蛋，鸟妈妈则立刻展翅放松自己。在二宝孵化过程中，不仅需要爸爸妈妈卧巢孵蛋给予温暖，还需要经常晒太阳。但当夏季阳光过于强烈时，爸爸妈妈会用自己的大翅膀为蛋遮挡阳光。

到了饭点，鸟妈妈叼着小鱼儿回到巢里先喂给大宝。二宝已经出壳几天了，鸟妈妈在家等待鸟爸爸带美食回来。可左等右等，鸟爸爸还没回来。于是鸟妈妈便从自己身上叼下一根绒毛，喂给身旁的鸟宝宝。这听起来可能有些奇怪，但其实刚出壳几天的鸟宝宝，很多时候会吃父母身上的绒毛。

伸个懒腰！舒服。

凤头䴙䴘的水性超群。鸟爸爸一个猛子扎进水里，好几分钟后才会在远处露出头来，这一趟它捕获了许多小鱼小虾。

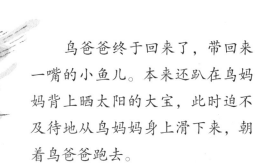

爸爸，爸爸！

鸟爸爸终于回来了，带回来一嘴的小鱼儿。本来还趴在鸟妈妈背上晒太阳的大宝，此时迫不及待地从鸟妈妈身上滑下来，朝着鸟爸爸跑去。

由于太着急，它几乎冲到了鸟巢外。正当它要落到水里时，恰逢一对鸳鸯路过，雄鸳鸯立马用头顶住大宝，把它安全地送回了巢里。雄鸳鸯也算是在爱人面前表现了一把。大宝的爸爸妈妈晃动了几下脑袋，还发出了几声鸣叫，好像在感谢鸳鸯。

苍鹰

鸟巢对 人类的影响

　　鸟类是人类的好朋友，它们带给我们许多益处。随着鸟类数量的增多和活动范围的扩大，它们也给我们的生活带来了一些破坏和影响。

　　春季，一些鸟儿开始在输电线路杆塔上筑巢、产卵、孵化，其中喜鹊、乌鸦、苍鹰等鸟类最为常见。虽然用树枝筑造的鸟巢在干燥天气里不会造成事故，但只要遇到阴雨天气，杆塔上的鸟巢就有可能被风吹散掉落在带电导线上，树枝接触导线（或靠近导线）就可能发生短路等事故。

喜鹊

乌鸦

　　我国铁线路上就发生过这样的事故。一只鸟儿准备筑巢，衔来了较长的铁丝，却触碰到铁路接触网的高压线，导致短路。最终列车停运，旅客出行受到影响。专家认为，鸟儿在接触网上筑巢，主要是因为可选的筑巢地越来越少，像铁路接触网这种高度、风向、阳光等条件都适宜的地方，就受到了鸟儿们的青睐。此外，一些鸟儿喜欢食腐，铁路沿途丢弃的垃圾废物等也在一定程度上增大了鸟儿在铁路线上筑巢的概率。

　　我们应该注重对环境和鸟类的保护，尽量避免鸟儿因无处筑巢而将巢筑在影响人类安全的地方。同时，在有鸟类栖息的地区安装保护装置，尽可能减少一些潜在的危险。

枯萎的"叶子":
叶尾壁虎

体长 8～30 厘米

在马达加斯加岛的中部偏东地区，生活着叶尾壁虎。它的身体长度可达 9 厘米。叶尾壁虎的卵孵化需要 60～70 天。这种壁虎的眼睛上方长着一对小角，其尾巴酷似枯叶，因此被称为叶尾壁虎。

在一堆枯叶里，一只叶尾壁虎静悄悄地待着，逼真地模仿身边干枯的树叶：壁虎的尾巴长得很像枯叶，而且壁虎身上的条纹与枯叶的叶脉非常相似。壁虎还会卷起自己的叶状尾巴，模仿枯叶卷起的状态。壁虎尾部边缘有锯齿状的凹陷，就像是被昆虫咬食过的树叶。叶尾壁虎整体看起来就像秋风中的一片枯叶，伪装技术十分高超。

尽管与周围的深色树叶相比，叶尾壁虎的体色稍稍浅一点，但这丝毫不影响叶尾壁虎成为马达加斯加岛最独特的物种之一。它的体色通常呈棕色，可以变成灰色、黄色、咖啡色等，甚至还能变得透明。叶尾壁虎到了夜间才出来捕猎昆虫。你知道吗？它的嘴巴张大后，甚至能吞下比自己大得多的猎物。它白天一般都趴在树枝上睡觉，只有在感受到危险时才会动起来。它通常会根据周围环境的变化而改变自己身体的颜色，将自己隐藏起来，以免被捕猎者发现。

夜间捕食

白天睡觉

除了叶尾壁虎外，杨枯叶蛾、枯叶螳螂和枯叶蝶也非常善于伪装成枯叶。

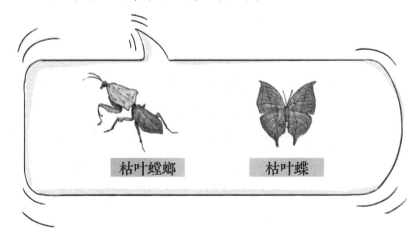

枯叶螳螂　　　　　枯叶蝶

叶子上的 叶子虫：
木叶虫与巨拟叶螽

　　木叶虫又叫"叶虫"或"树叶虫"，生活在热带及亚热带地区。它贴在树上吸食树汁时很难被发现，这是因为它具有惊人的拟态和保护色，能伪装成树叶，以躲避敌害。木叶虫的后翅是透明的，它停下来休息时会用更长的前翅覆盖在后翅上，再加上它表面的纹理和色斑酷似树叶，这样它的外表就像一片普通的树叶。当其活动时，它的身体会来回摇动，看起来就像一片被风吹起的树叶。一些木叶虫的身体边缘还会"伪造"被咬过的痕迹，以此迷惑天敌。

可以伪装成树叶的虫子可不止木叶虫一种！在竹叶草草丛中的一片叶子上，悬挂着一片几乎一模一样的"叶子"，它就是巨拟叶螽。

翅展 25 厘米

体长 10 厘米

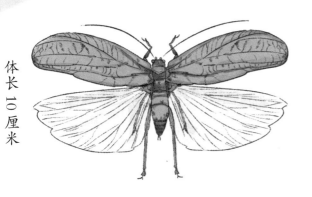

它体形巨大，翅膀展开可以达到 25 厘米，体长也有 10 厘米左右，是我国现存最大的螽斯。它全身呈翠绿色，翅膀上的纹路与叶脉相似，还有一些黄色斑纹，看起来就像有瘢痕的叶片。

由于巨拟叶螽生活习性比较独特，所以就连生物学家对它的了解也不多呢。不过，我们知道巨拟叶螽是生活在雨林林冠层的"高级住户"，它非常喜欢光，只有在它因意外或特殊原因掉落到地面或大型路灯下才有可能被人发现。我们才可能有幸一睹其"芳容"。

岩石上的"苔藓"：苔藓蛙

苔藓蛙，也叫"越南苔藓蛙"，它最先在越南被发现并公布于世，后来它的身影在我国广西也有发现。苔藓蛙主要生活在热带和亚热带潮湿地区，比如低地森林、淡水沼泽和多岩地区。它的体长通常有6～7厘米，雌性体形比雄性大，可以长到8～9厘米。它的身上布满绿色、黑色的斑点和结节，就像石头上的苔藓一样，可以与周围的苔藓环境融合在一起。由于它擅长利用苔藓进行伪装，人们往往会忽视它的存在。当它一动不动时，即便它在你脚边，你也不一定能认出它。由于它天生有这种奇特的皮肤，苔藓蛙获得了青蛙家族"伪装高手"的美名。

身体长得像树枝：竹节虫

竹节虫通常住在竹林里，最长的体长能够达到64厘米，是世界上最长的昆虫。多数竹节虫的身体颜色为深褐色，少数为绿色或暗绿色。

64 厘米

竹节虫长得几乎跟树枝一样，这让它常常能完美地隐藏在树上或竹枝上。有的竹节虫受惊后掉在地上就立马装死不动，或者摇曳身体来模仿在风中摆动的树枝。有的竹节虫在受到攻击时会从胸部的两个腺体中喷射出一种酸性物质来阻止捕食者，如果这种酸性物质进入你的眼睛，会让你有强烈的灼热感，甚至会暂时性失明。

与树干完美融合：东美角鸮

东美角鸮是一种小型猫头鹰。它的体长为16～25厘米。东美角鸮主要生活在北美洲的落叶林或者混合树林里，有时也会出现在人类生活区。它喜欢住在树洞里，白天躲在里面睡觉，晚上才出来找吃的。

东美角鸮有一身非常厉害的伪装衣，可以帮助它完美地隐藏在树洞里。当一只东美角鸮静静地站在树洞口时，它羽毛的颜色与树干的颜色极为相似，它的身体看起来几乎和树干融为一体，如果不揉揉眼睛多看几次，真的很难看出来树洞口站着一只东美角鸮。

两眼长在一侧：比目鱼

比目鱼的外形超级奇特——两只眼睛长在身体的同一侧，看起来与其他鱼类很不一样。这可以让它在藏身海泥沙中时，两只眼睛都能露出来观察周围的情况，便于捕捉美味的食物和保护自己。

其实，比目鱼的两只眼睛并非生来就在身体同一侧。在比目鱼小的时候，它的两只眼睛和其他鱼类一样位于身体的两侧。在比目鱼逐渐长大的过程中，其中的一只眼睛会逐渐移动到另一侧，形成了它奇特的模样。

小时候的比目鱼　　　　　　　成年比目鱼

比目鱼还有一个能够保护自己的办法。比目鱼的身体上有很多橙色的斑点和斑块，这使它看起来与海底的颜色融为一体。而且，为了与海底的颜色相匹配，它可以灵活改变自身的颜色。

数学能手：黑猩猩

科学家曾向一只成年黑猩猩先展示一件物品（比如一个装有有色液体的半满的玻璃杯），然后再展示两件物品（比如一个半满的玻璃杯和四分之三满的玻璃杯）。如果它能从后面两件物品中选出与前面展示的一样的物品，就会得到奖励。

黑猩猩很快就完成了这个简单的匹配任务。然后，实验变得更抽象：黑猩猩会再次看到半满的玻璃杯，但它随后必须在半个苹果和四分之三个苹果间做出选择。结果发现，黑猩猩的抽象能力很强，它竟然知道半满的玻璃杯与半个苹果是匹配的。

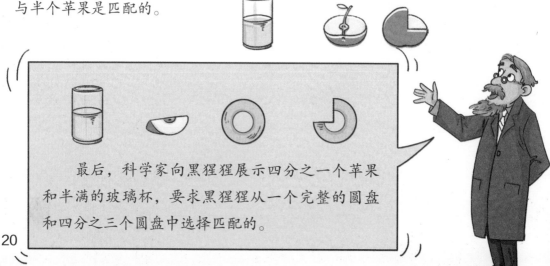

最后，科学家向黑猩猩展示四分之一个苹果和半满的玻璃杯，要求黑猩猩从一个完整的圆盘和四分之三个圆盘中选择匹配的。

结果，黑猩猩在该类测试中多次选择了四分之三个圆盘，这意味着它掌握了基本的分数加法运算，在大脑中将四分之一和二分之一合并成四分之三了。

科学家认为，黑猩猩虽然没有像人类那样使用复杂的符号进行计算，但它显然对这些比例的结合方式有直观的把握。

简单来说，就是黑猩猩的数学天赋很高！

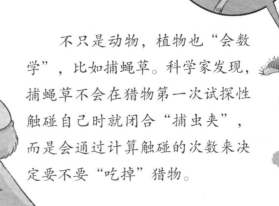

不只是动物，植物也"会数学"，比如捕蝇草。科学家发现，捕蝇草不会在猎物第一次试探性触碰自己时就闭合"捕虫夹"，而是会通过计算触碰的次数来决定要不要"吃掉"猎物。

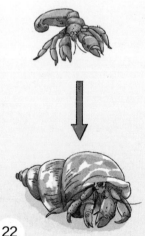

不生产壳的"房奴"：寄居蟹

寄居蟹是一种常见的海洋生物，因为总是背着自己的"房子"到处走而闻名。这个"房子"其实是它别有用心的伪装。

由于它自己长不出坚硬的外壳，寄居蟹只能住在螺壳里。随着身体不断长大，寄居蟹的"房子"变得越来越挤，装不下它了，这时候它就不得不搬到更大的"房子"里。然而，大小合适的"房子"可没那么容易找到。

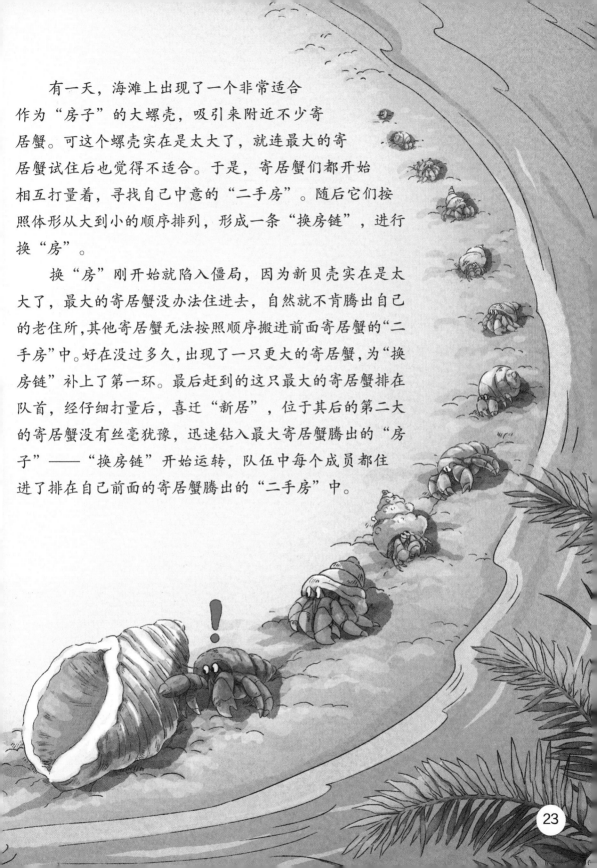

　　有一天，海滩上出现了一个非常适合作为"房子"的大螺壳，吸引来附近不少寄居蟹。可这个螺壳实在是太大了，就连最大的寄居蟹试住后也觉得不适合。于是，寄居蟹们都开始相互打量着，寻找自己中意的"二手房"。随后它们按照体形从大到小的顺序排列，形成一条"换房链"，进行换"房"。

　　换"房"刚开始就陷入僵局，因为新贝壳实在是太大了，最大的寄居蟹没办法住进去，自然就不肯腾出自己的老住所，其他寄居蟹无法按照顺序搬进前面寄居蟹的"二手房"中。好在没过多久，出现了一只更大的寄居蟹，为"换房链"补上了第一环。最后赶到的这只最大的寄居蟹排在队首，经仔细打量后，喜迁"新居"，位于其后的第二大的寄居蟹没有丝毫犹豫，迅速钻入最大寄居蟹腾出的"房子"——"换房链"开始运转，队伍中每个成员都住进了排在自己前面的寄居蟹腾出的"二手房"中。

"换房"之争

寄居蟹排队换"房子"的过程中也会有混乱局面发生。比如小体形的寄居蟹插队或误进了不适合自己的大"房子"。这时候，大体形的寄居蟹会马上与之争夺，将较小的寄居蟹赶出去。

除了等待海浪带来空螺壳及排队"换房"，寄居蟹有时也会蛮不讲理地强占螺壳。如果一只寄居蟹遇到了大小合适的螺壳，那么，即便这个螺壳是有主的，它也会用锐利的螯足将原"房主"钳住，然后用自己的"房子"去碰撞软体动物的"房子"，直到将其撞翻。接下来，这只寄居蟹会停下来观察这间"房子"，如果感到满意，那么它会毫不留情地将原"房主"揪出壳外，甚至将原"房主"吃掉，然后将"房子"据为己有。

寄居蟹强占了别人的"房子"，怎么住进去呢？别说，它入住"空房"的方式还挺特别。它会倒着钻进"空房"内，用最后一对腹肢钩住螺，其他几对腹肢伸到壳外爬行，并用两只螯足守住壳口。如果寄居蟹抢的是其他寄居蟹的壳，那么被赶出"房子"的寄居蟹只能不情愿地住进强者丢弃的壳里。

寄居蟹倒着钻进"空房"

一些无壳、找不到合适壳的寄居蟹，还会紧紧盯着有壳的寄居蟹，密切关注"房主"的动态。一旦发现"房主"出门，"无房"的寄居蟹就会立刻住进"房子"，从此赖着不走。有时，住着小壳的大寄居蟹会巧遇住着大壳的小寄居蟹，此时，双方便会和平交换"房子"。

嘿嘿……机会来啦！

精心装修，小心守护

和人类装修房子一样，一些寄居蟹也会精心"装修"自己的住所。它们通过分泌一种腐蚀性物质，来去掉壳内部的一些复杂的骨架结构，使壳变得更加宽敞和光滑。"精装修"后的壳会变轻，寄居蟹背着壳行走变得更加方便，行走速度也可以更快，就好比现在的汽车在减重后开起来更快一样。雌性寄居蟹还能用"装修"后多出来的空间储存卵。

为了保护自己的"房子"，有的寄居蟹也会找管家或保镖帮助自己。例如生活在海里的一些寄居蟹会背上海葵一起出行。海葵触手上布满刺细胞，能分泌毒液。但别担心，这些寄居蟹的血液中有抗毒物质，因此海葵不会对它们造成威胁。

这样一来，海葵和寄居蟹就形成了一种奇妙的关系。海葵既能在寄居蟹的壳上找到温馨的家，在寄居蟹觅食时顺便获得食物碎屑，依靠寄居蟹更快地移动，又能保护寄居蟹免受天敌捕食。因此，寄居蟹搬家时都不忘带走海葵。除了海葵，寄居蟹还会与水螅虫互利共生。水螅虫的存在能避免其他的大型有害生物在寄居蟹的壳上附着，而水螅虫除了可以获得寄居蟹觅食的食物碎屑外，还能在寄居蟹聚集时进行有性生殖。

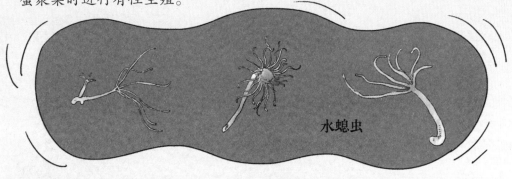

水螅虫

寄居蟹"精装修"后的"房子"要比之前的"清水房"更容易引来其他寄居蟹的觊觎。所以，"房主"只有时刻守好自己的"房子"，才能避免"房子"被抢夺。在寄居蟹进行交配时，雄性寄居蟹必须得离开自己的住所，以便更靠近雌性寄居蟹。怎样避免自己的"房子"这个时候被强占的问题呢？聪明的雄性寄居蟹想到了一个好办法：将自己的"房子"背到雌性的"房子"跟前。当两家"房子"的"大门"正对时，交配成功的可能性也更大啦！

水、二氧化碳与 寄居蟹

寄居蟹因常寄居于死亡软体动物的壳中，以保护自己柔软的腹部而得名。目前世界上有许多种寄居蟹，它们大致分为两类。第一类是海洋寄居蟹，其中大部分与水生动物一样，生活在深浅不一的珊瑚礁和海岸线深处，深入海底，很少离开水域。第二类是陆地寄居蟹，大部分生活在热带地区，需要进入淡水或咸水，以保持其鳃湿润。

还有一些寄居蟹不再寄居在甲壳里，而是长出了类似螃蟹壳的硬壳。我们称它们为硬壳寄居蟹，著名的椰子蟹就是其中之一。

人类活动会直接或间接地导致许多寄居蟹无"房"可住。这是因为大气中二氧化碳含量的上升使海洋变得更酸了。酸化的海水会阻碍软体动物正常的造壳过程，从而导致大螺壳越来越稀少。

一些找不到合适住所的寄居蟹，只好将人类丢弃的罐头、塑料瓶等当成自己的住所。这种现象告诉我们：要多关注二氧化碳排放的问题，尽可能减少碳排放，多参与环保活动，从根本上帮助寄居蟹改善生存环境！

让我们一起走近大自然，探索奇妙世界吧！